漫画
万物简史

# 千万不能
# 没有塑料

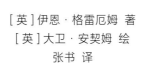

[英] 伊恩·格雷厄姆 著

[英] 大卫·安契姆 绘

张书 译

中信出版集团 | 北京

图书在版编目（CIP）数据

千万不能没有塑料 / (英) 伊恩·格雷厄姆著；
(英) 大卫·安契姆绘；张书译 . -- 北京：中信出版社，
2022.6
（漫画万物简史）
书名原文：You Wouldn't Want to Live Without
Plastic!
ISBN 978-7-5217-4050-9

Ⅰ . ①千… Ⅱ . ①伊… ②大… ③张… Ⅲ . ①塑料—
青少年读物 Ⅳ . ① TQ32-49

中国版本图书馆 CIP 数据核字 (2022) 第 035794 号

千万不能没有塑料
（漫画万物简史）

著　者：［英］伊恩·格雷厄姆
绘　者：［英］大卫·安契姆
译　者：张　书
出版发行：中信出版集团股份有限公司
　　　　　（北京市朝阳区惠新东街甲 4 号富盛大厦 2 座　邮编　100029）
承 印 者：北京尚唐印刷包装有限公司

开　　本：889mm×1194mm　1/20　　印　张：2　　字　数：65 千字
版　　次：2022 年 6 月第 1 版　　　印　次：2022 年 6 月第 1 次印刷
京权图字：01-2022-1462　　　　　审 图 号：GS（2022）1610 号（书中地图系原文插附地图）
书　　号：ISBN 978-7-5217-4050-9
定　　价：18.00 元

出　　品：中信儿童书店
图书策划：火麒麟
策划编辑：范　萍
执行策划编辑：郭雅亭
责任编辑：房　阳
营销编辑：杨　扬
封面设计：佟　坤
内文排版：柒拾叁号工作室

# 什么是塑料?

结构单元

氢原子

碳原子

聚合物

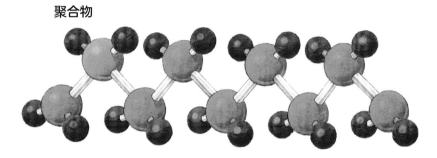

塑料是一种具有可塑性的材料，软化后可被加工为任意形状，之后固化便保持其形状，常见的塑料有聚酰胺（尼龙）、聚氯乙烯（PVC）、聚乙烯（PE）等。英文中"plastic"（塑料）一词，来源于希腊语"plastikos"，意思是"可塑的、可成型的"。

任何可以看得见摸得着的物体都是由一种肉眼看不见的微小粒子组成的，我们称之为原子。原子非常微小，即使眼神再好的人也看不到。原子通常会聚集成"小团体"，组成分子。大多数分子仅含有少数几个原子。塑料却是例外，它的分子量很高，形状就像自行车链条一样。每个分子都由成千上万个相同的结构单元构成，这种大分子叫聚合物。塑料聚合物彼此穿插的结构，使其加热后变软且容易塑形，冷却后保持形状不变。

# 塑料大事记

**1856 年**

亚历山大·帕克斯用植物中的纤维素首次制成硝酸纤维素塑料（帕克赛恩）。

**1897 年**

使用牛奶中的酪蛋白制成的酪素塑料诞生于德国。

**19 世纪 80 年代**

塑料替代动物的角和骨头，成为制作梳子最常用的材料。

**19 世纪 60 年代**

约翰·卫斯理·海厄特发明了赛璐珞（一种塑料）的制造技术。

**1909 年**

利奥·贝克兰发明了贝克莱特塑料，这是最早的合成塑料。

**1892 年**

以纤维素为原料研制出人造棉。

## 1935 年

华莱士·卡罗瑟斯发明了一种塑料纤维——聚酰胺 66，工业化后定名为尼龙。

## 1956 年

最早的带有不粘涂层的锅诞生了。

## 2009 年

全新的波音 787 梦想飞机使用复合材料的比例超越之前所有的飞机。

## 1931 年

有机玻璃开始生产，替代了传统的玻璃。

## 2001 年

"太阳神号"飞抵创纪录的 29524 米高空，这是一架实验性的无人飞机，主要由塑料制作。

## 20 世纪 40 年代

第二次世界大战中大量橡胶轮胎是用新型的合成橡胶制成的。

# 目录

# 导言

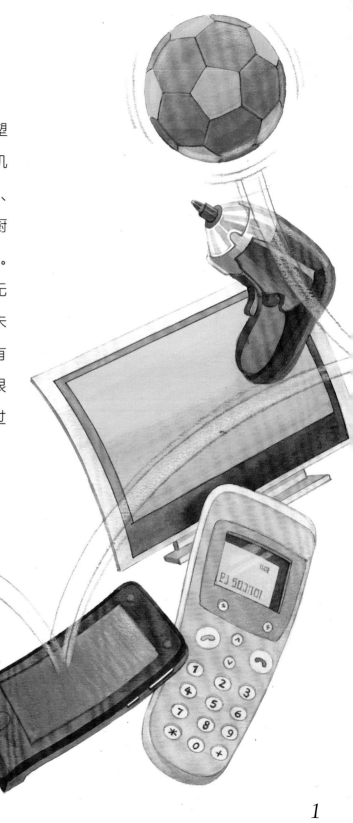

在家中或学校里稍加留意，你就会发现塑料无处不在。从计算机、手机、电视机到玩具、游戏机、笔、体育用品甚至书本，再到衣服、地毯、家具及墙上的涂料，都可能含有塑料。去厨房里瞧一瞧，你肯定能找到很多含有塑料的物品。如今，塑料已经跟每个人的生活息息相关，简直无法想象没有塑料的世界会是什么样。如果塑料从未被发明出来，每天的日常事务就会变得不一样，有些事情做起来会很困难，有些事情甚至没法做，很多常见的物品也要贵很多。相信我，你绝对不想过没有塑料的生活。

# 假如没有塑料，世界会怎么样？

当今世界，几乎所有的东西要么是塑料制品，要么含有塑料。塑料的类型非常多，包括软的和硬的，透明的和非透明的，以及光滑有光泽的和粗糙无光泽的。塑料的颜色也很多，有黑色、白色或者彩色。往前追溯一百年，当时的情况跟现在比，可以说是天壤之别。我们现在看到的种类繁多的塑料，当时还没发明出来。你能想象如果人类没有发明塑料，现在的世界会是什么样吗？手机、计算机或者互联网等事物可能并不存在。

没有塑料你就得穿松松垮垮的衣服！因为没有塑料，就不会有**合成纤维**，我们也许就穿不上现在这种有弹性的衣服了！

塑料发明以前，**胶水**用动物的蹄或皮熬制加工而成。而现在，胶水中大多都使用了某种形式的塑料。

**没有塑料**，可能就没有计算机、手机或电子游戏机，因为这些产品的很多部件都是塑料的。

**塑料家具**的形状可以千姿百态，有些形状用别的材料做出来很难而且成本会很高，而有些形状则只有用塑料才能实现。

# 一个没有塑料的家

羊毛

黄铜

棉

棉

纸张

棉

木头

玻璃

皮革

木头

羊毛

木头

原来如此！

马蹄能用来制作胶水，是因为它富含角蛋白（我们的指甲中也有！）。将马蹄煮化后加入酸，角蛋白就会溶解成黏稠的果冻状的胶水了。

# 在塑料诞生之前

**20** 世纪 50 年代之前的家庭中，塑料还没有那么常见。在那之前，几乎所有东西都是用传统材料制成的，比如羊毛、金属、石头、皮革和天然纤维。像纽扣和刀柄之类的物件是用象牙或动物的角制成的。人们使用这些材料已有数千年之久。首先必须能在大自然中搜集到这些材料，然后再加工成我们要用的东西。加工这些材料的人具备处理天然材料的多年经验，他们了解每种材料的优劣。但是，塑料的出现将改变这一切。

造房用的木头

制衣用的羊毛

钢琴的琴键曾经是用**象牙**制作的，所以有俗语用"轻拂象牙"指代弹钢琴。一根象牙可以制成 45 个琴键。

以前都是用骨头或鹿角制作**梳子**的，梳齿硬且易断。塑料梳子的齿则柔韧耐用。

制作工具用的鹿角

尝试一下！

衣服上都会有这些洗涤标志，告诉你这件衣服的清洗方法。你能在自己的衣服上找到这些洗涤标志吗？

制衣用的动物皮革

制作工具用的骨头

用天然纤维材料制成的衣服，尤其是羊毛衣物，非常容易缩水。**合成纤维**制成的衣服就经得住反复洗涤。

坐垫、沙发和毛绒玩具曾经是用草料、羊毛、木屑、锯末、羽毛或马鬃等填充的。现在的玩具填充物则多是塑料纤维和泡沫橡胶。

# 最早的塑料

最早的塑料由天然材料制成。其中最古怪的可能要数紫胶了。它取材于紫胶虫分泌的胶状物，10万只紫胶虫才能生产出500克紫胶。紫胶可以塑造成各种形状，20世纪初最早的唱片就是用紫胶做的。另外一种早期的塑料是硝酸纤维素塑料，1856年由亚历山大·帕克斯申请了专利，它取材于植物中的纤维素。最早的摄影胶片是用长条的透明塑料赛璐珞制成的，发明于19世纪60年代。除此之外，以前甚至还有一种用牛奶做的塑料！如果没有创造出现代的塑料，我们可能还在使用天然材料制成的塑料呢。

**紫胶唱片**曾经非常流行，但是它很脆。很多紫胶唱片最后都开裂了。20世纪30年代出现的黑胶唱片则不会那么脆弱，比紫胶唱片耐用很多，所以很快替代了它。

**紫胶虫**分泌的浅黄至橙棕色液体叫作虫胶，虫胶凝固在树枝上形成半透明的光滑物质，经采集、精炼、加工之后制成紫胶。

尝试一下！

请大人加热一杯牛奶，但不要煮沸，加入两勺白醋后搅拌至牛奶中出现结块，待冷却后，将结块压紧。恭喜你，牛奶塑料诞生了！

*小心不要被热牛奶烫伤了！

真对我胃口！

这是紫胶！一种虫子分泌出来的！

最早的**摄影照片**需要一张一张地拍在金属板或玻璃纸上。赛璐珞制成的胶片提高了摄影的效率，使拍摄电影成为可能。

英国**玛丽王后**（1867—1953）拥有很多牛奶制成的塑料珠宝！牛奶中含有酪蛋白，可以用来加工成酪素塑料，也叫酪蛋白塑料。

7

# 科学来解围!

**20** 世纪初期，科学家开始探索制作塑料的新途径。他们加入各种化学物质制作新型塑料，取代加工天然材料的老办法。这些由科学家在实验室中创造出来的塑料被称为合成塑料。最早的合成塑料"贝克莱特"诞生于 1909 年，以发明者利奥·贝克兰的名字命名，俗称电木粉。20 世纪 20 年代的时候，收音机、相机、首饰、电灯开关、插头、钟表都使用了贝克莱特塑料。20 世纪 30 年代，华莱士·卡罗瑟斯创造出了一种大名鼎鼎的"尼龙"，这种塑料至今仍在使用。

**尼龙衬衫**很受欢迎，但是流行时间不长。因为尼龙纤维容易起静电，触摸门把手等金属时可能突然就会被电到。哎呀!

## 塑料的新用途

用电木粉制成的电木板的出现正赶上收音机的兴起。20 世纪 20 到 50 年代间，那时电视机还未广泛普及，电木板材质的收音机卖出了数百万台。

用电木板制成的产品不计其数，人们称赞它为"有一千种用途的材料"。甚至就连棺材都有电木板材质的!

有些 20 世纪初发明的塑料沿用至今。随手找一个简单的小机器，内部可能就会有**尼龙材质**的齿轮和其他尼龙零件。

尼龙的发明者是美国化学家华莱士·卡罗瑟斯（1896—1937）。

华莱士·卡罗瑟斯

尼龙纤维

**看这里！**

尼龙材质的齿轮工作起来比金属材质的安静很多，不用上油，也没有生锈的问题，持久又耐用。

# 蒸蒸日上的塑料

第二次世界大战期间（1939—1945），各种材料都十分短缺，橡胶也不例外。人们急需一种可以替代天然橡胶的新型材料。科学家成功研制出了像橡胶一样有弹性的塑料，还有其他新型塑料，如科代尔、涤纶。战后，人们重建家园，工厂开始使用三四十年代研制出的新型塑料生产所需物资。也就是那时起，塑料瓶渐渐取代了玻璃瓶。塑料发展势头迅猛。

**第二次世界大战期间**，制造轮胎，以及卡车、飞机等的一些部件都要用到的天然橡胶极其短缺，但是合成橡胶的出现解决了这一问题。

**20世纪30年代**，出现了一种新型的透明塑料，用于制造战斗机驾驶舱的保护罩。另外，在两层玻璃中间加上一层这种塑料，便能制成防弹玻璃！

**危险**！在塑料瓶出现之前，人们都是用厚重的玻璃瓶，一旦掉落或者打碎，就会满地的碎玻璃。塑料瓶则安全多了——就算掉在地上它们也可能只是弹一下！

**尝试一下！**

看看玩具里哪些部分不是塑料做的？你觉得是什么原因呢？可能是为了更结实、更坚硬或者更有弹性？还是有别的原因呢？

**危险重重**！如果没有塑料，孩子们就不能尽情地玩乐，以前很多玩具是用镀锡薄钢板（俗称马口铁）或者铅制成的，马口铁的边缘锋利，而铅有毒。

流血了！

# 塑料的太空时代

**20** 世纪 50 年代，太空飞行的新闻在当时大出风头，与此同时，塑料制品开始批量生产并上架售卖，塑料可以说是代表太空时代的新材料。二战的黑暗时期终于结束，塑料让人感觉未来已经到来。虽然最初的塑料制品不如木头和金属的结实，也不容易修理，但人们并不在意，因为塑料制品价格低廉，可以扔掉买新的。不过，这种生活方式并不环保。

一种塑料圆环——**呼啦圈**成了玩具中的新宠，玩法是不停地扭动髋部让呼啦圈在腰上一直旋转。

20 世纪 50 年代，塑料材质的**晶体管收音机**问世了。虽然它的音质不好，但深受年轻人欢迎，因为它小巧便携。

将玉米粉或玉米淀粉与同等体积的水混合，加入同等体积的做手工用的白乳胶（含有塑料聚合物），静置一会儿就会变成塑料泥。

**20 世纪 60 年代以前**，玩偶的头通常是瓷质的，很容易坏，必须得轻拿轻放。而塑料的玩偶就结实多了，能玩很久都不坏。

20 世纪 50 年代，美国发行了最早的现代**信用卡**。这种塑料卡片让购物方便了很多。

# 欢迎来到塑料世界！

**各**种各样的塑料可以制成五花八门的产品。就比如你喜欢玩的那些小玩意儿吧，游戏机、笔记本计算机、平板计算机还有耳机，都离不开塑料。它们的外壳、按键及开关通常是塑料的，内部的电子电路也要用到塑料。电路就安装在塑料的电路板上，微型芯片也是封装在塑料外壳中。

形形色色的电器设备，从台灯到吸尘器，都因为塑料才得以安全工作。电线外包裹着塑料外皮，可以防止漏电。如果没有塑料，到处都会充满触电危险！

**超强黏性**。我们现在用的很多胶水，比如做手工用的胶水、强力胶，都含有塑料聚合物。胶水凝固之后，聚合物的长链就会彼此交联锁定。

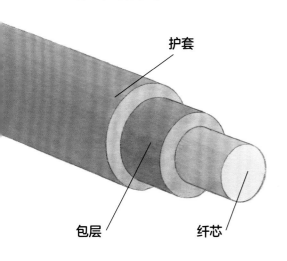

护套

包层  纤芯

**光纤**。电话和计算机传输信息的线缆以前都是用金属做的，现在很多导线使用的是光纤，也就是玻璃或塑料的细丝。

照片和杂志封面使用**光面纸**印制，这种纸上覆的塑料光滑而且有光泽。覆塑料膜还有助于彩色墨水持久不褪色。

降落伞、游艇的船帆、热气球使用的防刮材料是一种非常结实的塑料纤维。这种纤维交织在一起，所以不容易撕裂。

超轻量塑料为航空器的制造提供了新的可能。利用太阳能供电的"太阳神号"无人飞机就是用塑料制成的。

原来如此！

塑料电路板上布满了金属轨道，它们起着导线的作用，连接起电路的各个部分。

# 令人惊奇的塑料！

如果没有塑料，干家务活可能更累。塑料的表面平滑，用抹布就很容易清洁：以前厨房餐桌都是木制的，要保养干净需要用刺鼻的清洁剂使劲地洗刷；现在的不粘锅也比老式的铁锅和搪瓷锅要好洗得多；卫生间里也一样，塑料刷毛的牙刷要比以前的动物毛牙刷更好清洗；现代的油漆、清漆里也含有塑料，刷出的表面耐磨、持久、易清理，如果没有塑料，不仅需要频繁地重刷，清洁起来也是费时费力。塑料确实让生活容易很多了。

你愿意用动物毛做的牙刷刷牙吗？想想就觉得恶心，不过有**塑料牙刷**之前，牙刷上的刷毛确实是用马或者野猪的硬毛做的。

钢铁遇水容易生锈，需要用**涂层防锈**，不然生锈就得再抛光。塑料就没有生锈的问题，完全省去了这些操作。

铁和钢会生锈是因为金属与水和空气中的氧气发生了化学反应。使用塑料则不会出现这样的现象。

铁链

塑料链

在户外**潮湿**的环境下，木头很容易腐坏，必须得在表面涂上防腐剂或者油漆。而现在的门和窗框很多都是塑料的了。

**没有胶带，不好交代**。如果没有塑料胶带，就只能用纸带或者布条包礼物了，纸带容易撕断，而布条太厚了又不美观。

17

# 塑料制品如何成型？

每年有 2.5 亿吨的塑料生产出来，刚诞生的塑料就像颜色明亮的沙砾。使用塑料加工产品前，需要把塑料加热融化，可能还会加入化学物质改变软硬度或颜色。吹入空气的话还能制成塑料泡沫。要制造特定形状的物品，需要将塑料加热后浇入模具，冷却之后塑料即会硬化。一个成型机一天可以制出成百上千个形状相同的塑料制品。塑料的成型工艺有很多种，比如注射成型、挤出成型、拉挤成型和吹塑成型。

**拉挤成型**。将加热融化的塑料从喷丝头（见右图）上的细孔内喷出，就制成了塑料纤维，再用冷水淬硬即可。

送入塑料颗粒

**挤出成型**。将融化的塑料从模具的洞中挤出来，塑料棒、塑料管和条状（或块状）的塑料产品就是这样生产的。

**注射成型**。融化的塑料被注入模具中，用冷水冷却模具之后将模具展开，完美成型的塑料制品就落入收集桶内。

"喷丝头"这个命名是借鉴了蜘蛛吐丝器。

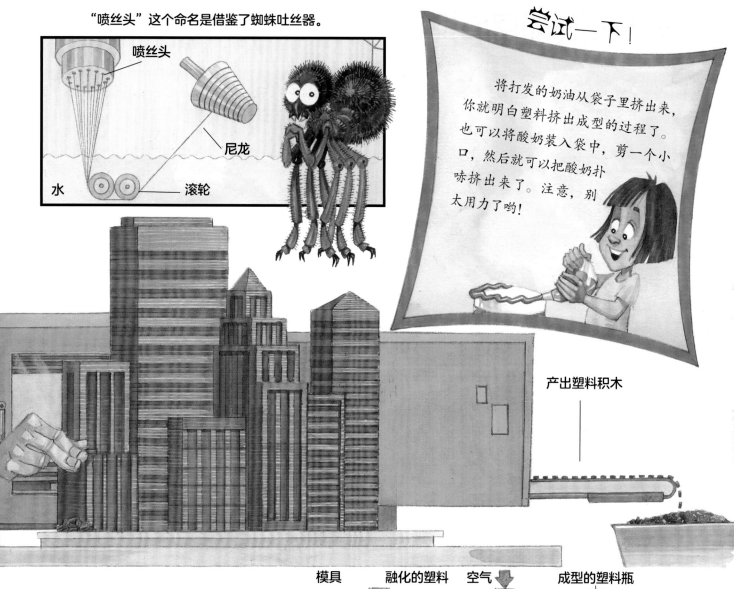

喷丝头

尼龙

水　　　滚轮

尝试一下！

将打发的奶油从袋子里挤出来，你就明白塑料挤出成型的过程了。也可以将酸奶装入袋中，剪一个小口，然后就可以把酸奶扑哧挤出来了。注意，别太用力了哟！

产出塑料积木

**吹塑成型。** 模具闭合后，将管状的高温塑料软体包围起来（图①），然后吹入空气（图②），空气令塑料紧贴在模具内壁上，塑料瓶就做成了（图③）。

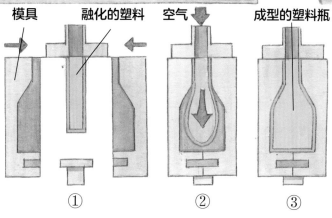

模具　　融化的塑料　　空气　　成型的塑料瓶

①　　　　②　　　　③

19

## 碳纤维

①将碳纤维**编织布**一层一层地铺在模具上，刷上树脂（液态的塑料）。

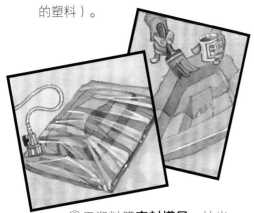

②用塑料膜**密封模具**，抽出其中的空气使各层碳纤维布紧贴在一起。

③将密封的模具在高压釜中**加热**，使塑料硬化。

④高压釜**冷却**后，便可以将碳纤维成品取出，这时的树脂已经固化，碳纤维布也已经紧紧地压在一起。

# 塑料有什么超强性能?

如今，我们已经有了高强度的防弹塑料和防火塑料，可用于制作赛车手、摩托车手和消防员的超强防护服。只要在普通塑料中加入其他材料就可以增强塑料的性能，得到的新材料就叫复合材料，塑料的复合材料比组成它的各种材料都要结实。一般所说的碳纤维材料就是用碳纤维加强的塑料，这种复合材料比钢要强韧十倍，但是重量却只有同体积钢的四分之一。很多运动装备都用到了碳纤维，比如网球拍、高尔夫球杆和冰球杆等。赛车的制造也会用到碳纤维哟！

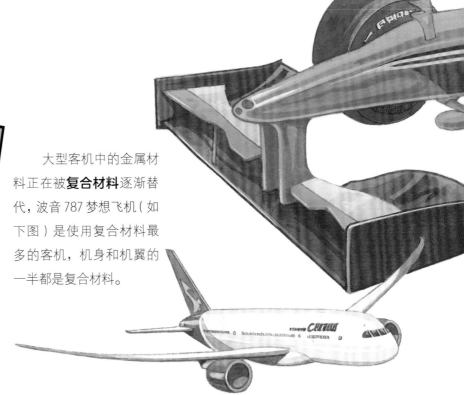

大型客机中的金属材料正在被**复合材料**逐渐替代，波音 787 梦想飞机（如下图）是使用复合材料最多的客机，机身和机翼的一半都是复合材料。

超强的防火衣

碳纤维车身

原来如此！

碳纤维的高强度源自其中的纤维，碳纤维受到的外力会被分散到各个细小的纤维上去。

**光滑的塑料船体**可以在水中轻巧、快速地行驶，经常给木船带来破坏的虫子、藤壶等海洋生物也难以吸附在超光滑的塑料船体上。

21

# 塑料污染有多可怕?

塑料的优势多得数不清，但也带来了不少难题。塑料零件和塑料制品迟早会坏掉或磨损，也可能因为样式过时被淘汰。丢弃的旧木头、食品、天然纤维都能正常腐化分解，铁也会自然生锈，但是塑料需要几百年才能分解。回收利用，即通过重复利用废弃塑料制成新产品，可以避免塑料垃圾堆积如山，以及在分解过程中对陆地和海洋造成污染。还有一种方法就是发电厂焚烧废弃塑料用来发电。

**太平洋**中有两股洋流圈，大量垃圾随之漂流并堆积在洋流中间（如右图）。其中很大一部分是塑料垃圾。

唉？看起来好好吃的样子！

动物也许更希望这世界上没有塑料。无数的海龟、海鸟因为误食海洋中的塑料而身亡，它们可能明白塑料是不能吃的！

有些人把大号的**塑料桶**当作水桶重复使用。塑料桶都很轻，方便人们从很远的地方取水，但这些塑料桶经反复使用会释放对人体有害的物质，影响身体健康。

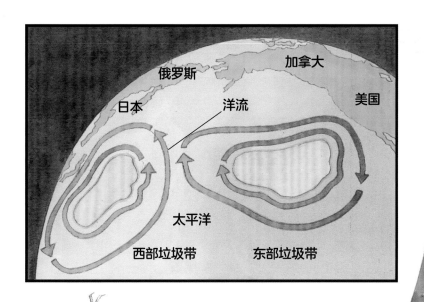

俄罗斯　加拿大
日本　洋流　美国
太平洋
西部垃圾带　东部垃圾带

尝试一下！

在家里找找塑料瓶上的三角形回收标志吧，把它们都记下来，看看最常见的是哪一种。

你知道吗？你身上穿的衣服可能就是利用回收的塑料做成的。将塑料瓶回收利用后做成纤维，可以用于制作抓绒外套，一件衣服要用 25 个塑料瓶。

将**回收的塑料瓶**中灌入沙土或泥土还可以用来建造房子。空的塑料瓶可用于建造培育植物的温室。

塑料的种类不同，回收利用的方式也不同，回收时需要对塑料类型进行区分。有些产品使用了中间带有数字的三角形标识，可以帮助我们辨别塑料材质的类型。这种标识叫作**塑料分类标志** *。

\* 此分类为英国标准。

### 塑料分类标志

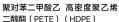

聚对苯二甲酸乙二醇酯（PETE）　高密度聚乙烯（HDPE）　乙烯基（V）　低密度聚乙烯（LDPE）　聚丙烯（PP）　聚苯乙烯（PS）　其他

# 塑料的未来

对于塑料的研发，科学家努力改进现有的种类，同时也在发明新的塑料。大多数塑料的原料都是从石油中提取的化学物质，但是石油容易造成污染而且储量有限。不过别担心，你不会和塑料说拜拜的。未来生产的"生物塑料"可能会以天然材料为原料，就像最早的塑料那样。生物塑料取材于植物中提取的淀粉和纤维素，有些塑料瓶、包装、汽车零件已经用上了生物塑料。还有一种新型塑料可以在损伤时自行恢复，所以这种材质的产品肯定不会有划痕。

## 新科技

**智能包装**。有一种新型塑料，遇到细菌会变色。用这种塑料包装食品，顾客就可以了解食用里面的食品是否安全。

**打印一个**。三维打印机已经能够生产小件的塑料制品了，它使用塑料将物品一层一层地打印出来。

**柔性屏幕**。几乎所有的计算机和其他设备的屏幕都是用坚硬、平整的玻璃或塑料做成的，但是未来的塑料屏幕或许可以像纸一样又薄又柔软。

回收利用塑料能节省能源。使用全新材料生产一个塑料瓶所需能源可以生产四个用回收塑料制成的塑料瓶。

种的这些植物都是用来做塑料的！

**塑料钞票。**澳大利亚、加拿大、新西兰等国家已经改用塑料钞票了，还有很多别的国家也在效仿。塑料钞票能使用更久，而且更安全。

25

# 词汇表

**齿轮**：带齿的轮，常见于小型机械中。

**吹塑成型**：塑造中空塑料物品（如塑料瓶）的方法。模具闭合后，将管状的高温融化塑料包围起来并吹入空气。

**电路**：电流可以流通的路线，常见于电子设备中。

**分子**：彼此连接在一起的一组原子。

**复合材料**：将两种或多种材料复合在一起形成的新材料，比如碳纤维材料。

**合成**：即人工制造，将多种物质转变为新物质的过程。

**挤出成型**：生产塑料棒、塑料管和条状（或块状）的塑料产品的一种方法，将高温的融化塑料从模具的洞中挤出来。

**聚合物**：链状的大分子，由很多相同的小分子构成。

**拉挤成型**：制作纤维的一种方法，将塑料或别的材料从模具的小孔中穿过。

**酪蛋白**：牛奶中的一种物质。

**马口铁**：镀上一层锡的铁片。

**强力胶**：用聚合物氰基丙烯酸酯制成的可以快速凝固的超强力胶水。

**三维（3D）**：具有长、宽、高三个维度的。

**微型芯片**：在一片小塑料板上的电子组件，构成了一个或多个电路，也叫集成电路（IC）或简称为芯片。

**细菌**：需要用显微镜观察的微生物。很多细菌对人类是有益或无害的，但也有一些是危险的致病细菌。

**纤维**：天然材料（如棉花）或合成材料（如尼龙、人造棉）的细丝。

**纤维素**：植物纤维和植物细胞壁中的一种化合物。

**氧气**：空气中的一种气体，约占空气的五分之一。

**原子**：区分化学元素的最基本微粒。

**注射成型**：塑造塑料产品的一种方法，将加热的液态塑料注入模具并冷却。

# 塑料名人堂

**亚历山大·帕克斯**（1813—1890）：帕克斯出生于英国的伯明翰，曾就职于一家铸造金属的公司。"铸造金属"就是用金属制造产品，即将熔化的金属倒进模具中成型。他想出了很多种发明创造，其中就包括加工金属及强化金属的新方法。1841 年，他用橡胶发明了防水布，15 年后，便发明了根据自己名字命名的塑料——"帕克赛恩"。

**利奥·贝克兰**（1863—1944）：贝克兰出生于比利时根特。化学专业毕业后，他当上了化学系教授。他 1889 年移居美国，并很快成功发明了新型的相纸。1897 年加入美国国籍后，为了研发新型材料他试验了很多种化学物质。1909 年,他宣布贝克莱特研发成功，然后创立公司生产贝克莱特制品。他 1939 年退休，五年后逝世。

**华莱士·卡罗瑟斯**（1896—1937）：卡罗瑟斯出生于艾奥瓦州的伯灵顿。他大学时化学成绩优异，后来去了杜邦公司工作，这是一家化学行业的公司。1931 年，在杜邦工作期间，他带领科学团队研制出了一种叫作"氯丁橡胶"的合成橡胶。几年后，他又发明了尼龙。

# 着火了！

最早的电影胶片是一种叫作赛璐珞的塑料。但是它的一大缺陷就是极易起火，而且燃烧猛烈，着火后还会产生有毒烟雾。即使赛璐珞免于火灾，也容易发生化学分解：原本透明的胶片时间久了会发黄、发黏，还会鼓出气泡，最终完全报废。胶片存放的时间越长越危险，甚至还可能随时爆炸！因为它的这种危险特性，还不能随意丢弃，必须由专人处理。最老的电影胶片在被复制到现代胶卷上或被数字化之前，只能保存在特殊的防火储藏室中。20 世纪 40 年代，一种安全性更强的塑料胶片取代了赛璐珞，人们称之为安全胶片。

安全胶片虽然不容易起火，但是仍有其他缺陷。过不了几年，安全胶片就开始分解，散发出一股酸味。分解过程中，胶片缩水并脆化，同时发生褪色。想要挽救安全胶片上的影片，可以复制到新胶片上或转录到数字媒介中。

# 你知道吗？

• 2007年7月14日,在英国伊利的乌斯河上,出现了一座用14100个塑料牛奶瓶做成的长36米的浮桥,它是世界上最长的塑料瓶浮桥。伊利市的市长亲自过桥检验了桥的安全性。

• 全世界每年消耗5000亿至1万亿个塑料袋,也就是说,平均每分钟就要消耗超过一百万个!其中有些被回收利用后加工成了帽子或购物袋。

• 塑料的分解非常慢,可以说,人类生产出来的所有塑料都还存在。

• 人类细胞中的DNA(脱氧核糖核酸)携带着控制身体生长和发育的遗传密码,是一种天然的聚合物。最长的DNA聚合物非常庞大,包含数千亿个结构单元。

• 3D打印机能打印出任何形状的三维塑料模型,你甚至可以用它打印出自己!

12个我们熟悉又极易忽略的事物，有趣的现象里都藏着神奇的科学道理，让我们一起来探寻它们的奥秘吧！